Magik
El despertar de la magia

Magik
El despertar de la magia

J CONSTANTINE

librerío

1a. edición, diciembre del 2022.
ISBN: 9798366396769

© MAGIK EL DESPERTAR DE LA MAGIA
© J CONSTANTINE
© Todos los derechos reservados.
© LIBRERÍO EDITORES

FB @Librerio.editores
Librerioeditores.com.mx

Queda prohibida toda la reproducción total, parcial o cualquier forma de plagio de esta obra sin previo consentimiento por escrito del autor o editor, caso contrario será sancionado conforme a la ley de derechos de autor.

TABLA DE CONTENIDO

- 7. Consejos de bruja
- 11. Hechizo para proteger a sus mascotas o encontrar una mascota perdida
- 15. Tip mágico con runas
- 19. Los talismanes rúnicos
- 23. Una bruja nace y estudia
- 27. El conjuro "abracadabra" II
- 37. Magia del caos
- 41. Mano de Fátima
- 43. Simbolismo de avatar
- 45. Espíritu familiar
- 47. Amuleto según tu horóscopo chino
- 51. Polvillos de hadas
- 55. Yule, La luz nace de la obscuridad
- 57. Corona de Laurel
- 59. Que quemar según tu necesidad
- 61. Descubre los poderes ocultos de las varitas mágicas
- 63. Que son los sigilos
- 71. Usos de la ceniza en la brujería
- 75. Las dríadas
- 77. Significado de tener la letra "m" en la palma de tu mano
- 79. Diferencia entre hechizos, rituales, conjuros y en encantamientos
- 83. Duendes ¿Cómo invocarlos?
- 87. La brujería no es un juego

CONSEJOS DE BRUJA

✨ La albahaca en la puerta, las ventanas o esparcida en la casa aumentará el dinero.

✨ Coloca ramas espinosas en tu puerta para mantener el mal en tu morada.

✨ Come una pizca de tomillo antes de acostarte y tendrás dulces sueños.

✨ Coloque astillas de madera de cedro en una caja con algunas monedas para atraer dinero.

✨ Lleva contigo una flor de anémona para protegerte de las enfermedades.

✨ Cuelga un poco de algas en la cocina para proteger a los espíritus malignos.

✨ Mantenga un frasco de alfalfa en sus alacenas para asegurar la prosperidad de su casa.

✨ Quema pimienta de Jamaica como incienso para atraer dinero o suerte, además de acelerar la curación.

✦ Corta una manzana por la mitad y dale la mitad a tu amor para asegurar una relación próspera.

✦ Lleve consigo un hueso de aguacate para que su belleza interior brille hacia afuera. El aguacate también es afrodisíaco.

✦ Las fresas son afrodisíacas.

✦ Coloque un trozo de algodón en su azucarero para atraer la buena suerte a su casa.

✦ El apio es afrodisíaco.

✦ Coloque las almendras en su bolsillo cuando necesite encontrar algo.

✦ Esparce Chili Peppers por tu casa para romper una maldición.

✦ Llevar un paquete de hojas de fresa ayudará a aliviar los dolores del embarazo.

✦ Esparce un poco de azúcar para purificar una habitación.

✦ Lanza arroz al aire para hacer llover.

✦ Lleve una papa en su bolsillo o bolso durante todo el invierno para protegerse contra los resfriados.

✦ Come cinco almendras antes de consumir alcohol, para aliviar los efectos de la intoxicación.

✦ Coloque una rama de pino sobre su cama para mantener alejadas las enfermedades.

✦ Mastica semillas de apio para ayudarte a concentrarte.

✦ Lleve un trozo de piña seca en una bolsa para atraer la suerte.

✨ Haga una pregunta de sí o no a una naranja antes de comerla, luego cuente las semillas: si las semillas son un número par, la respuesta es no. Si es un número impar, sí.

✨ Come aceitunas para asegurar la fertilidad.

✨ Tire avena por la puerta trasera para asegurarse de que su jardín o cultivo sea abundante.

✨ Come semillas de mostaza para asegurar la fertilidad.

✨ Coloque lilas alrededor de su casa para deshacerse de los espíritus no deseados.

✨ Come lechuga para alejar los pensamientos lujuriosos de tu mente.

✨ Frote una hoja de lechuga sobre su frente para ayudarlo a dormir.

✨ Agregue jugo de limón al agua de su baño para purificarlo.

✨ Come uvas para aumentar los poderes psíquicos.

✨ Lleva una brizna de hierba para aumentar tus poderes psíquicos.

✨ Huele eneldo para deshacerse del hipo.

✨ Si coloca un sobre de eneldo sobre su puerta, aquellos que le deseen mal no podrán entrar a su casa.

✨ Coloque algodón sobre un diente adolorido y el dolor se aliviará.

✨ Queme algodón para provocar lluvia.

✨ Coloque la pimienta dentro de un trozo de algodón y

cóselo para hacer un amuleto que devuelva un amor perdido.

✨ Lleva una cebolla pequeña para protegerte de los animales venenosos.

✨ Come uvas para aumentar la fertilidad.

✨ Coloque una cebolla en rodajas en la habitación de una persona enferma para sacar la enfermedad.

✨ Coloque una cebolla debajo de su almohada para tener sueños proféticos.

✨ Coloque semillas de gloria de la mañana debajo de su cama para curar las pesadillas.

✨ Camine por las ramas de un arce para asegurarse de que tendrá una larga vida.

✨ Mezcla sal y pimienta y esparce por tu casa para disipar el mal.

✨ Huele Lavanda para ayudarte a dormir. (Lavanda me hace dormir muy rápido).

✨ Cuelga una vaina de guisantes que contenga nueve guisantes sobre la puerta para atraer a tu futuro compañero hacia ti.

✨ Come un durazno para ayudarte a tomar una decisión difícil.

✨ Lleve consigo madera de durazno para alargar su vida útil.

✨ Lleva una nuez para fortalecer el músculo cardíaco.

HECHIZO PARA PROTEGER A SUS MASCOTAS O ENCONTRAR UNA MASCOTA PERDIDA

Tiempo: cuarto creciente 🌎 Dia: Domingo

🐈 Todos amamos mucho a nuestros hermanos sin voz. Como miembros de nuestra familia, nos brindan compañía y alegría sin pedir mucho. Tener un animal en casa también es una excelente manera de mejorar la energía que nos rodea, ya que nos aligera el estado de ánimo en todo momento.

Este es un hechizo de protección para mascotas, incluidos gatos, perros, pájaros, tortugas o cualquier otro animal doméstico. Protegerá a una mascota del robo o para que no se pierda ni se enferme. En la antigüedad, los curanderos usaban hechizos de protección para mascotas para mantener seguros a los animales de granja, como pollos y caballos. Hoy, podemos lanzar un hechizo para proteger a nuestras mascotas, dándoles una larga vida, energía positiva y alegría.

¿Cómo funciona este hechizo de protección de mascotas?

- ✓ Las velas marrones se utilizan en rituales relacionados con la magia de la Tierra, ya que invocan la conexión a tierra, la estabilidad y la crianza. Están relacionados con la magia animal, la magia del hogar, las amistades y la agricultura.
- ✓ La carta de Fuerza es el arquetipo del Tarot de transmitir amor y compasión, influyendo suavemente en la Naturaleza, el coraje y la fuerza misma.
- ✓ El agua también será parte de nuestro ritual como elemento sagrado de purificación y curación, que puede contener y transferir nuestra energía.

Usaremos:

1 vela marrón
Foto de la mascota (o escribe su nombre en una hoja de papel)
Un vaso de agua
Carta del Tarot de fuerza (opcional)

Enciende la vela marrón en su altar, a unos centímetros del vaso de agua.
Coloca la foto de su mascota en tu altar entre la vela y el agua. Si no tienes una foto, escribe su nombre en una hoja de papel.
Sostén la carta del Tarot y di:

"Protege a mi amado compañero
Si mi amigo se pierde que vuelva a mí.
Tráeme alegría y fuerza así sea.
Que siempre estemos rodeados de buenos seres
Que siempre llegue la banda y nobleza, aunque no esté presente. Así sea"

Espolvorea unas gotas de agua sobre la foto o el papel.
Deja que la vela se queme durante unos minutos y luego apaga
Recorta la punta quemada de la vela y entiérrala junto con la foto en algún lugar de tu propiedad o en una maceta en casa.
Tira el agua. Da las gracias

Consejos adicionales

Si tienes más de una mascota y deseas incluirlas a todas en este ritual, simplemente coloca todos sus nombres / fotos en tu altar y enciende una vela por cada mascota. (Por ejemplo, si tienes un perro y un gato, enciende dos velas marrones).

Puede incluir algunas hierbas protectoras como clavos de olor, ajos, laurel, romero, pirul, jengibre, limón, orégano, palo santo, rosas, ruda, salvia y/o tomillo. antes de enterrar los restos, o crear una bolsa de protección para mascotas y colocarla en su cama o pertenencias.

Fuente: Circe, Las Brujas y el Reflejo de su Centurión

TIP MÁGICO CON RUNAS

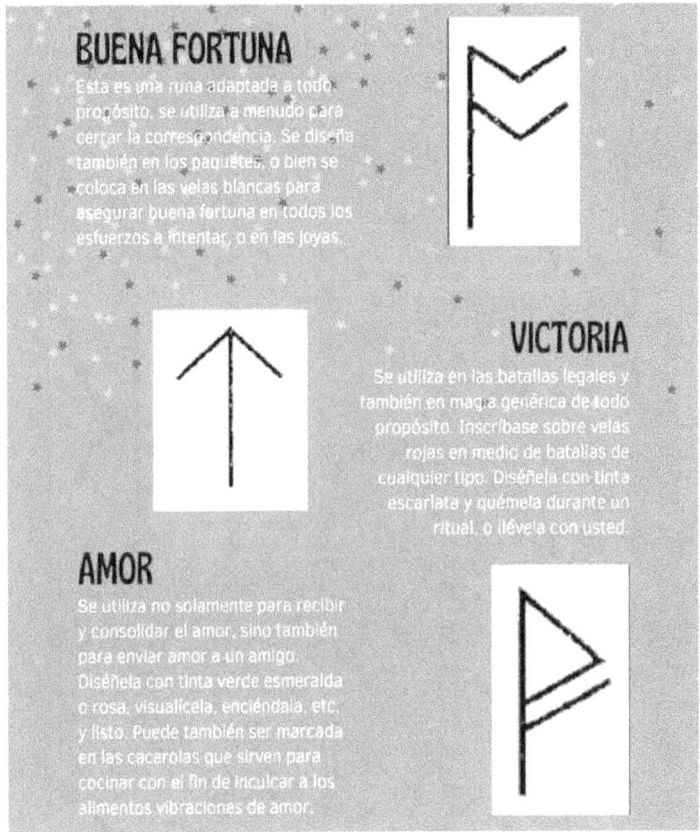

BUENA FORTUNA
Esta es una runa adaptada a todo propósito, se utiliza a menudo para cerrar la correspondencia. Se diseña también en los paquetes, o bien se coloca en las velas blancas para asegurar buena fortuna en todos los esfuerzos a intentar, o en las joyas.

VICTORIA
Se utiliza en las batallas legales y también en magia genérica de todo propósito. Inscríbase sobre velas rojas en medio de batallas de cualquier tipo. Diséñela con tinta escarlata y quémela durante un ritual, o llévela con usted.

AMOR
Se utiliza no solamente para recibir y consolidar el amor, sino también para enviar amor a un amigo. Diséñela con tinta verde esmeralda o rosa, visualícela, enciéndala, etc. y listo. Puede también ser marcada en las cacerolas que sirven para cocinar con el fin de inculcar a los alimentos vibraciones de amor.

Una vez que hayas limpiado tus velas (de Fin de Año o para cualquier otra ocasión mágica) y al momento de consagrar las, puedes grabar alguna runa en ella con un palillo de dientes o una pluma de ave.

Las runas son poderosas, para que funcione, debes creer en su poder. Son un regalo de Odin a los humanos, las runas se pueden leer, pero también se pueden usar de esta forma o para crear poderosos sigilos de protección.

COMODIDAD

Para llevar alivio y suavizar el dolor, y para enviar o provocar felicidad y confortar a otros. Si se siente depresivo o ansioso, párese frente a un espejo, a mirese a los ojos, y visualice esta runa abrazando su cuerpo. O bien, trácele en una vela rosa, y enciéndala.

ABUNDANCIA

Diséñela en su tarjeta de visita, si tiene una. Visualícela en sus bolsillos, billetera o monedero. Trácela con un aceite para atraer dinero como el de pachulí o el de canela, o un billete antes de en entregarlo para asegurar su retorno eventual.

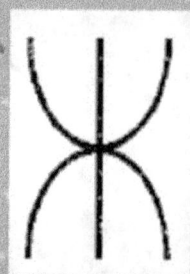

POSESIÓN

Representa los objetos tangibles. Úselo como símbolo para obtener algo que necesite. Por ejemplo, si usted necesita muebles para su casa, esta runa puede ser manipulada mágicamente para representar todos los objetos de los cuáles tiene usted necesidad.

VIAJE

Cuando desee o tenga necesidad de un viaje, dibuje esta runa en un tinta amarilla, con visualizándose a usted mientras viaja hacia el destino deseado. Envuélvala en una pluma y arrójela desde una escollera o envíela por correo hacia el trazada sobre pociones y mezclas herbales de carácter sanador. Esta runa puede ser también confeccionada como un talismán para llevar.

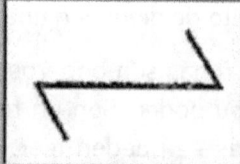

Fuente; mensaje de las brujas.
Ilustración; magia estelar.

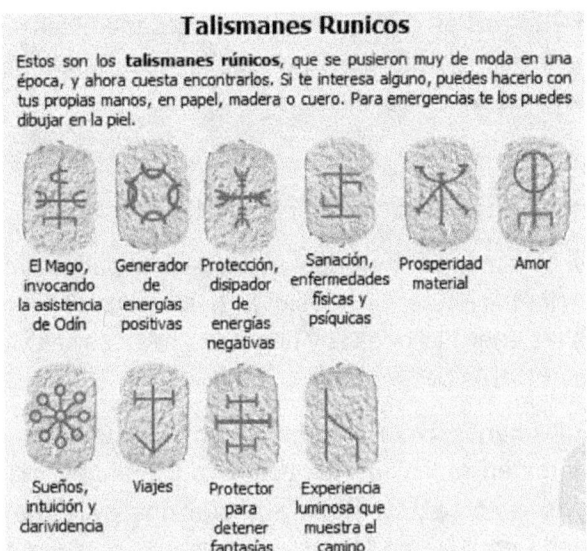

LOS TALISMANES RÚNICOS

Estos Talismanes son usados tanto para atraer como para potenciar Energías que nos serán del todo beneficiosas al ser estas Vibraciones de Alta Frecuencia.

En la más demora antigüedad, estos símbolos eran grabados antes, del combate en escudos, espadas y copas para obtener beneficios y ayudar tanto en aquellas cruentas y sanguinarias batallas como en los Rituales, reuniones o en las celebraciones de antiguas civilizaciones.

Dado que estos potentes Talismanes rúnicos nos muestran lo que comprenden y recogen en sí mismos: el equilibrio y la necesaria existencia de un flujo constante entre todo cuánto recibimos y lo que damos.

Y por ello nos es dado, porque es necesario alcanzar esa armonía que radica en hallar aquella vieja Sabiduría que proviene de nuestros ancestros.

El. Uso de los Talismanes rúnicos celtas

Estos talismanes son utilizados desde para atraer y potenciar las influencias positivas hasta para poder alejar todas las energías densas y negativas de nuestras vidas y la, de nuestros congéneres.

Los talismanes celtas fueron y son muy usados como Amuletos en runas, en rituales, en pulseras, pendientes, llaveros o colgantes. Debido a que nos muestran ese anhelado equilibrio a la par que nos ayudan a mantener un flujo constante de energía capaz de sanar desde el cuerpo o entidad corpórea, hasta el Alma (Mente y Psique: atendiendo a la Conciencia y al Subconsciente).

Por lo que, necesitaremos un sendero por el que poder caminar bajo el amparo y cobijo del "Bien Común". Pues hoy, se requiere y se necesita para sobrevivir y funcionar correctamente una senda recta... Una ruta real y verdadera. De esta manera, todos los sistemas que nos sostienen... se mantendrán, en un nivel normal. Pues a ello, se le conoce como hallar un "Equilibrio basado en la Homeostasis".

Los talismanes rúnicos nos ayudarán, además, a tomar esas, difíciles decisiones y a fomentar esas virtudes olvidarás y todas las capacidades, habilidades, destrezas, y fortalezas que tenemos ocultas y que, no obstante, deberemos de ir desde ya, descubriendo, porque nos pueden ayudar en todas esas parcelas y ámbitos de nuestra vida misma. En nuestra existencia y experiencia terrena.

Usa estos Talismanes o Amuletos rúnicos, dibujándolos en un papel, para atraer y potenciar las influencias benéficas y un sinfín de vibraciones positivas de Energía del Prana.

Recuerda que estos Talismanes rúnicos ya, de por sí, nos muestran Equilibrio recordándonos que siempre ha de haber un flujo constante entre lo que recibimos y lo que damos, para cumplir con la Ley Universal de DAR PARA RECIBIR, tanto si centramos esta idea en nosotros mismos como en los demás.

Namaste

Foto: web
#simbolossagrados #BienestaryEquilibrio #talismanes

UNA BRUJA NACE Y ESTUDIA

"Para aquellos que creen que un brujo/a solo se trata de hacer hechizos, prender velas y quemar inciensos... Muchos se autodefinen brujos por hacer alguna que otra cosita, creyendo que lo práctico es hacer Magia... Pues creo que han estado equivocados toda su vida... ¡La Bruja lo que hace como tal entre muchas cosas es el estudiar, indagar, aprender, la sed de conocimiento!

Todos los caminos necesarios para que pueda desarrollar sus DONES NATURALES y SOBRENATURALES también.

(Por cierto, todos tenemos dones, y no siempre son los de vidente, clarividente, etc. Que muchas piensan, sino muchos otros como el ser una persona sumamente empática, por ejemplo).

Cada Bruja tiene una biblioteca abundante....

Libros sobre muchos temas... ("no tengo para comprar libros o no hay información " no es excusa para no leer o aprender, hay pdf gratis en mil páginas y grupos sólo sobre el tema")

¡Una bruja busca sobre Diferentes temas!

Siempre en busca de nuevos conocimientos …

como negar algo a considerar …

¡Se necesitan todos los sujetos de la brujería!

La bruja no es perezosa, siempre halla tiempo para estudiar; astrología, biología, el hermetismo, la herbolaria, la horticultura, las diferentes religiones, historia general, la alquimia, las terapias alternativas, cristales, oráculos, simpatías y hechizos…

La bruja estudia historia de la música, la historia medieval y las religiones…

¡La manera de vivir de la bruja es estudiar!

LA BRUJA ESTUDIA DE TODO UN POCO.

- 📖 Es estudio de la luna, el viento y el tiempo.
- 📖 La bruja estudia teosofía…
- 📖 La Sabiduría Divina.
- 📖 La Sabiduría de los Dioses y estudios Étnicos…
- 📖 La bruja estudia el poder de la luz de las velas, del poder del color y el olor, ¡cómo leerlas por sí mismas!…
- 📖 ¡Estudia los elementos, los animales y las fuerzas de la naturaleza… que son parte de ella misma!
- 📖 La Bruja estudia su intimidad, sus actitudes, pensamientos y su silencio.
- 📖 Sus verdades y el poder del Alma.
- 📖 La Bruja estudia muchas artes… de la teoría y la práctica ¡de todo! Todo lo que importa y lo que parece no ser relevante… Todo que suma a la experiencia de la unión, para formar su ¡poder mágico!
- 📖 El estudio de los rituales de las Brujas Antiguas las

diferentes maneras, de la sanación y el tarot.

📖 Ella estudia los números ...

📖 Los Reinos del más allá y del más acá... A sus habitantes y sus senderos.

📖 Toda su vida siempre está estudiando la Bruja!

📖 La bruja estudia las runas, las energías y lenguas...

📖 En realidad el estudio de todo tipo de encantos y oráculos.

📖 Hay Brujas que no dejan la cocina, las recetas y más recetas de cocina mágica! Pero un tema que todas las brujas están estudiando... Incluso el más perezoso, es la INQUISICIÓN. Este contexto sirve para gran parte del aprendizaje y comprensión de sus antepasados.

📖 La Bruja estudia hadas, gnomos y dragones, tótems, talismanes y amuletos... Hasta los primeros auxilios estudia una Bruja.

📖 Las brujas siempre han ligado a la artesanía. Al igual que los perfumes naturales, jabones y collares hechos a mano y velas u atrapasueños y cajitas para guardar sus tesoros, los fabrica ella.

En realidad... ¡El estudio de la Magia es estudiar la vida misma! ¡Con sus textos y contextos! Espero que entiendas lo que digo ahora... La mejor forma de brujería y el camino más brillante y más verdadero es el estudio constante...

🧙 Una Bruja puede ser de todo menos ¡ignorante! Su sed de aprendizaje es indomable al igual que su alma y libre es su pensamiento...

Siempre tenemos algo que aprender y complementar en las lecciones antiguas...

Los contextos en lo nuevo y lo viejo.

Todos llevan una escuela llena de clases diferentes...

Necesitamos apreciar las enseñanzas, con especial afecto a todos los Magos y Brujas... Los estudiosos del arte más antiguo del mundo.

El arte de la brujería.

El arte de la vida.

El vivir bien con uno mismo y los demás...

¡No dejemos de aprender!

Nadie es más que nadie. Todos somos Maestros y Aprendices al mismo tiempo.

🧙 CAMINEMOS APRENDIENDO DE TODO Y TODOS...

```
A B R A K A D A B R A
 A B R A K A D A B R
  A B R A K A D A B
   A B R A K A D A
    A B R A K A D
     A B R A K A
      A B R A K
       A B R A
        A B R
         A B
          A
```

EL CONJURO "ABRACADABRA" II

El Poder del Conjuro "ABRACADABRA" bloquea y desbloquea la Pirámide de protección y abre portales a otros estados de conciencia.

Abracadabra es una palabra cabalística o fórmula mágica cuyo significado es escurridizo, aunque eso no ha impedido su uso en varios pueblos alrededor del mundo. Pero, ¿qué es lo que hace que esta misteriosa palabra sea tan interesante y poderosa para quienes la pronuncian? Algunos la relacionan con una antiguo dios Sirio y de ahí se derivarían sus poderes mágicos. De acuerdo con el mago y ocultista Eliphas Lévi, la combinación de letras que conforman esta palabra son una clave del pentagrama. También se asegura que la combinación de estas letras, representarían la "cuadratura del círculo". En fin, que se cree que al ser pronunciada funciona como una especie de hechizo que causa alguna reacción en la persona o bien en el objeto a quien es lanzado el hechizo.

La teoría más aceptada dice que el término proviene del hebreo abreq ad habra que significa envía tu fuego hasta la muerte. Wendelin de Tournay, por su parte, aseguraba que Abracadabra era una palabra con raíces árabes formada por las letras iniciales de las palabras Ab, "Padre", Ben que significa "Hijo" y, Ruaj Acádosh que quiere decir "Espíritu Santo."

Hay quienes aseguran, sin embargo, que este vocablo es realmente de origen egipcio donde abrak significaría "Santo" en esa cultura. Pero una vez más vemos como es imposible llegar a un acuerdo en este punto, pues Munter aseguraba que el origen si bien era egipcio, no tenía ninguna relación con el abrak que ya hemos mencionado, sino con berre que en aquella cultura equivalía a "nuevo," aunque, de hecho, no tiene mucho sentido, así que también se ha dicho que puede significar "palabra nueva" que serviría para invocar a los dioses y obtener ciertos beneficios de ellos.

No faltan quienes atribuyen la invención de esta palabra a Quinto Sereno Sammónico, un médico que vivió en el siglo II de nuestra era y a quien debemos el libro Preceptos de la Medicina donde, por extraño y curiosos que nos resulte hoy en día, Sammónico daba instrucciones muy precisas para utilizar esta palabra a manera de amuleto y ayudar al paciente que la portara a curar diversas enfermedades, a combatir la fiebre y también el cansancio y la debilidad.

ABRACADABRA Y LA GLÁNDULA TIMO

El secreto de poder del conjuro ABRACADABRA reside, según los gnosticos, es que estimula la glándula timo, la glándula de la felicidad y las emociones. Los sabios Gnósticos estudiaron como iluminar la glándula timo, y no dejarla entrar en decrepitud. Cuando esta glándula está activa el organismo no envejece. Los sabios médicos de la antigüedad decían que la vocal "A" cuando es pronunciada sabiamente tiene el poder de hacer vibrar la glándula Timo.

La Glándula Timo está situada en el centro del pecho, justo detrás del esternón, teniendo forma de pirámide. Forma parte del sistema inmunitario y se dice que el Timo es la llave de la energía vital. Su nombre en griego es "thýmos", que significa energía vital. Actualmente sabemos que su buen funcionamiento es determinante para el bienestar y salud del ser humano. Se le llama "la glándula de la felicidad". Esta glándula se halla íntimamente relacionada con las glándulas mamarias. La glándula timo regula el vitalismo del niño. Tal vez por eso la palabra ABRACADABRA ha sido conservada íntegramente por la lengua común de los niños, pasando de generación en generación desde tiempos inmemoriales como si detrás de ella se escondiese un secreto de gran importancia. Cuando el ser humano pasa más allá de la madurez sexual, entonces la glándula timo entra en decrepitud y la palabra ABRACADABRA deja de usarse como elemento mágico de creación. Esto está ya demostrado.

Los viejos médicos de la antigüedad utilizaban el sabio Mantram tan vulgarizado por las gentes, llamado ABRACADABRA para conservar activa la glándula Timo durante toda la vida. Ellos pronunciaban en los templos paganos cuarenta y nueve veces esa palabra en la siguiente forma:

ABRACADABRA
ABRACADABR
ABRACADAB
ABRACADA
ABRACAD
ABRACA
ABRAC
ABRA
ABR
AB
A

Dícese que prolongaban el sonido de la vocal "A". Los Astrólogos dicen que la glándula Timo está influenciada por la luna, cuya clave es el número 18. La luna representa lo engañoso, la ilusión. Si bien la luz de la luna ilumina, no lo hace con plenitud, y lo que vemos con ella puede ser una percepción engañosa. La luna es una buena representación de "La Sombra" y "El espejo", dos definiciones del Carl Jung que indican la oscuridad de nuestro inconsciente, que mientras no lo llevemos a la luz, seguirá afectando nuestra existencia.

Los psicólogos llaman al subconsciente el lado oscuro, porque contiene sentimientos y emociones ocultos que, al parecer, influyen irracionalmente en nuestro comportamiento y cuerpo físico. El sueño está también atribuido a esta Clave 18 y es durante el sueño que nuestras aspiraciones y esfuerzos son constituidos en estructura orgánica. Cada pensamiento y cada acción tiene alguna influencia modificadora sobre la estructura corporal.

¡ABRACADABRA, que se abra esta puerta!

La Inteligencia Corporal es atribuida a la Clave 18. Significa Conciencia del Cuerpo y es indicativa de que la iluminación depende de estados corporales.

ABRACADABRA es un portal que permite ir y venir del aquí y ahora a otros planos de conciencia y creación. Y es especialmente poderoso cuando se ha perdido los límites de la propia realidad para reencontrar el camino adecuado.

ABRACADABRA es un portal que permite regresar al aquí y ahora, cuando se ha traspasado los límites de la realidad. Un conjuro, un mantra, un talismán que protege de las sombras que a veces nos invaden a causa de nuestras pasiones y cierra brechas en nuestro sistema de protección y defensas.

ABRACADABRA es un conjuro, un talismán que protege de las sombras que a veces nos invaden a causa de nuestras pasiones y cierra brechas en nuestro sistema de protección y defensas, Ilumina nuestro corazón. Aclara el camino, siempre peligroso, de la imaginación y de la magia y abre la vía regia de la razón y la objetividad. Nos ilumina sobre la apariencia sin sustancia, la superficialidad, las ilusiones, las evasiones fantásticas y las intuiciones engañosas que retrasan la evolución.

ABRACADABRA es una palabra cabalística o fórmula mágica cuyo significado es escurridizo, aunque eso no ha impedido su uso en varios pueblos alrededor del mundo. La teoría más aceptada dice que el término proviene del hebreo abreq ad habra que significa envía tu fuego hasta la muerte. Esta frase alude, sobre todo, a la faceta sanadora del término.

En la época contemporánea la necesidad de contar con amuletos protectores y benéficos reales ha fructificado en las ramas ocultas del saber, pero el símbolo máximo de todos los talismanes, aquel que puede resumirlos a todos, es el ABRACADABRA, que se emplea en momentos decisivos de la vida en los que resulta necesario apelar a la buena fortuna en su máxima expresión, para lograr algo que sé ansia de manera muy especial llegue a concretarse.

En estos casos, el ABRACADABRA puede ejecutarse en forma casera de manera muy natural. Se coge un trozo de papel blanco y se escribe lo siguiente tal como aparece arriba, cualquiera de los dos escritos nos servirá.

A dicho papel se le realizan dos dobleces, de manera que oculte lo escrito, se le coloca un clip, unas grapas o se le cose. Luego, se marca una cruz en una de las caras y se lleva junto con el documento de identidad, o bien en la cartera o bolso durante nueve días consecutivos. El noveno día se rompe el papel a trocitos y se echan en un curso de agua corriente, o al mar.

Vivimos en un mar de energía.

Octavio Paz escribió: "...hay que soñar en voz alta, hay que cantar hasta que el canto eche raíces, tronco, ramas, pájaros, astros, cantar hasta que el sueño engendre y brote del costado del dormido la espiga roja de la resurrección".

Todo en este universo se manifiesta vibrando. Desde lo más sutil, como el sonido o la luz, hasta los objetos aparentemente más densos, son vibración pura. Nuestra conciencia constantemente cambia de vibración, hay momentos en los que está más densa, otros más sutil. Elevar nuestra propia vibración nos acerca más a experimentar y fundirnos con la vibración más alta de todo: Dios, la conciencia creativa del universo.

El universo se creó a base de sonido, de vibración. "En el principio era el verbo, y el verbo era con Dios, y el verbo era Dios". Es decir, esa vibración original hizo aparecer todos los universos, estrellas, sistemas solares, planetas, mundos, océanos y todos los seres que los habitan. Existe una frecuencia vibratoria que sintoniza todo con la energía primordial. A través del sonido podemos acceder a diferentes estados de conciencia y conectarnos con esta energía creativa. Constantemente estamos creando nuestra realidad, con nuestros pensamientos y nuestras palabras. Cuando recitamos Mantras estamos eligiendo acceder a estados vibratorios específicos. Podemos sintonizarnos con el amor, la prosperidad, la paz mental o cualquier otra frecuencia.

La magia se basa en el uso prudente y racional de las tres principales fuentes de generación: el signo, el símbolo y el verbo.

El verbo es quizá la más poderosa fuente de creación y transformación. Su forma de sonido es sólo un aspecto, de sus manifestaciones artísticas como el canto, a sus aplicaciones más prácticas tales como el habla, siempre ha sido objeto de estudio y análisis, debido a su gran importancia.

No hay que olvidar que el verbo es pura vibración.

Algunos médicos comienzan a curar con sonidos musicales, es bueno saber que la voz del médico, y cada una de sus palabras es fuente de vida o de muerte para los pacientes. La ciencia endocrinológica debe estudiar las intimas relaciones que existen entre la música y las glándulas endocrinas. Es mejor investigar, analizar y comprender, que reír de lo que no conocemos.

En el siglo XIX el uso de esta palabra cobró fuerza y muchos se dedicaron a estudiar su significado, llegando a la conclusión de que cuando era pronunciada se hacía referencia al Sol, lo que en parte explicaría sus poderes mágicos y cabalísticos y los efectos en quienes la escuchaban.

Aunque no se haya llegado a un acuerdo en torno al significado de esta palabra, lo cierto es que, con tantos intentos en diferentes épocas para conocer su significado real, nos damos cuenta que abracadabra es una palabra que nos ha acompañado desde hace mucho tiempo en la literatura, las la artes e incluso las ciencias incluida, como ya lo hemos mencionado, la medicina.

¡¡ABRACADABRA PATAS DE CABRA!!
¡Ojos de sapo, patas de rana, que tengas suerte toda la semana!
¡Alas de murciélago, cola de lombriz, que hoy y siempre seas muy feliz!
¡Muelas de hipopótamo, cuernos de dragón, que nunca nadie hiera tu corazón!
¡Dientes de culebra, huesos de chucho, NUNCA olvides que te quiero mucho!
¡Uñas de gato, plumas de gallina, que siempre te lleves bien con la vecina!

En la vida cotidiana, hay palabras que son sinónimos de ABRACADABRA, en el sentido de ser palabras que como llaves abren las cerraduras de los corazones, así como aquella abre la cerradura de la ilusión y las ganas de vivir. "Gracias", "perdone usted" "por favor" serían pues las ABRACADABRA de la vida cotidiana.

Y me extiendo un poquito más. Hay gestos y símbolos

entonces que también serían como sinónimos del abracadabra, como la runa Dagaz, de ello hablaremos en otro capítulo.

Me imagino esa "sensación" del niño frente al mago que hace latir fuerte su corazón y en el momento justo, dice ¡ABRACADABRA!" y lo sorprende... Así entonces, por ejemplo, una caricia que uno desea, pero no espera porque piensa que es un imposible; y de pronto, sentados allí, como al descuido, ella alza su mano y te acaricia la mejilla. Esa caricia es un ABRACADABRA, que libera toda emoción, las ilusiones contenidas, hace galopar el corazón y transforma las lágrimas en rocío.

TABLA DE LOS ELEMENTOS

MAGIA DEL CAOS

Los creadores de la magia del caos fueron Peter Carroll y Ray Sherwin en 1976. Más tarde, también influye Austin Osman Spare, quien formó parte por un corto tiempo de la A. A. (Organización Ocultista Astrum Argentum) de Aleister Crowley.

Austin Osman Spare es, en parte, el origen de la teoría y práctica de la Magia del Caos. Implementó el uso de sigilos y la gnosis para cargar a estos.

La magia del caos es también considerada una de sus ramas más desorganizadas, por lo tanto, es tomada en cuenta como un movimiento libre. Sus practicantes suelen amplificar sus conocimientos y el tema existente con conceptos como 'La Ciencia Cognitiva', 'La Teoría del

Caos', y la 'Hipnosis', entre otros.

Dentro de la Magia del Caos, o caoísmo podemos encontrar que algunos errores de creencias, como por ejemplo el decir "Soy caoísta, porque no creo en nada". Esto es un error, ya que si no crees en nada sencillamente no puedes llamarte caoísta.

El caoísmo se lleva a cabo y funciona gracias a su herramienta más poderosa, la Fe, la cual puede provenir directamente de cualquier dogma o culto, lo único importante es que realmente creas.

También existe el error de pensar: "Soy caoísta, por lo tanto, no sigo dogmas, invento mis procedimientos, tomo herramientas y las uso a mi manera".

El hecho de renegar un dogma y cambiarlo a tu modo per se, no es un criterio base para asumir que eres caoísta. Hay una diferencia entre ser caoísta y ser anarquista. Si vas en contra de un dogma sin aplicar criterios, automáticamente eres un anarquista.

Si debes romper un dogma por el criterio de conveniencia del caoísta, debes hacerlo como corresponde y no desde la fragilidad de la moda.

Al usar un elemento esotérico, debemos entender que este posee una historia y una tradición detrás, que de una forma u otra mediante la subsciencia colectiva la nutre de un poder. Si entendemos esto y lo usamos a nuestro favor, podemos utilizar ese poder a conveniencia.

La manera correcta de utilizar este poder a conveniencia no es renegando su naturaleza y poder intrínseco, al contrario, es actuando de acuerdo con ellos y posteriormente transformarlos.

Hay también algo muy importante que aclarar, y es el hecho de que no por trabajar con ciertas entidades o deidades inmediatamente te vuelves parte de su credo.

Digamos que trabajas con Lucifer o con Odín, trabajar con ellos no te hace luciferino ni te hace asatrú. El hecho de creer a conveniencia no te hace absolutista, lo cual si es un dogma enseñado por nuestra sociedad.

Se debe entender que trabajar con dogmas nuevos sacados prácticamente de la nada, es complicado. A veces para crear algo nuevo, necesitas hacerlo sobre los cimientos de lo antiguo. No hay revolución sin un medio que revolucionar.

En un futuro cercano hablaremos un poco más sobre algunas técnicas para trabajar en el caoísmo, como la sigilización, la gnosis o la creación de egregores, entre otros.

Desarrollo

Aunque existen organizaciones como IOT, la magia del caos en general está entre una de las ramas menos organizadas de la magia y es catalogada como un movimiento libre. Los practicantes individuales amplían el material existente incorporando otros conceptos, como Teoría del Caos, Ciencia cognitiva, Hipnosis y demás.

#brujoconstantine

El alfabeto de las brujas, para cuando prepares tus velas, cirios y demás.

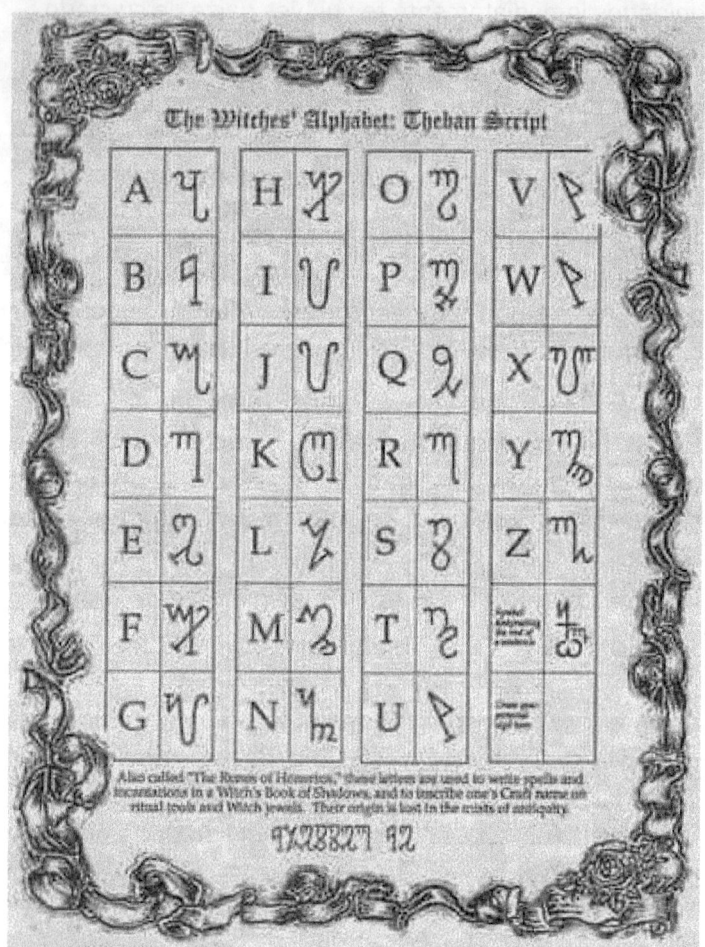

MANO DE FÁTIMA

La popular mano de Fátima, o jamsa (cinco, en árabe, en alusión a los cinco dedos de la mano), es una representación plana de una mano abierta, con los dedos extendidos. Suele estar constituida por un diseño estilizado, en el que el dedo corazón actúa como eje de simetría, lo que hace casi imposible distinguir si se trata de una mano derecha o una izquierda.

Y aunque se suele asociar con la cultura arabo musulmana, se trata de un talismán de origen preislámico ya existente en la religión púnica y la cultura cartaginense, asociado a la diosa Tanit. Está igualmente muy arraigado entre los imazighen, o bereberes, donde se lo conoce como tafust. En hebreo se llama asimismo jamsa.

Este popular amuleto adoptaba ya en la Edad Media diseños variados. En la tipología áulica de los jarrones nazaríes de la Alhambra, por ejemplo, su superficie se amplía más allá de la muñeca hasta abarcar el antebrazo, adornándose este con amplias mangas. Asimismo, la mano puede albergar a veces en su interior ojos, que acentúan su significación talismánica, e incluso incorporar inscripciones epigráficas de carácter coránico.

Este icono fue un símbolo de providencia divina, generosidad, hospitalidad y fuerza o poder entre los musulmanes medievales, especialmente los shiíes. Se le consideraba un amuleto eficiente que expulsaba los malos espíritus causantes de las enfermedades y las desgracias, además de repeler el mal de ojo. De hecho, llevar talismanes como protección contra el mal de ojo, o aojamiento, fue una de las muchas prácticas preislámicas absorbidas por la cultura islámica primitiva y tolerada por su teología.

La eficacia de este amuleto está relacionada con el poder mágico del número cinco. Como ya señaló René Guénon, también se ha intentado tradicionalmente explicar el valor de este guarismo mediante su equivalencia con las cinco letras del nombre de Allah en árabe. Además, en la tradición suní, la mano es la síntesis de la ley del Profeta, ya que se identifican los dedos con los cinco pilares o preceptos del islam (el testimonio de fe, la oración ritual, la limosna, el ayuno y la peregrinación), mientras que la tradición shií los ha relacionado con las cinco personas sagradas pertenecientes a la familia del Profeta (Muhammad, Ali, Fátima, Hassán y Hussein).

SIMBOLISMO DE AVATAR

Quienes vieron la película Avatar recuerdan que los Na'vi, los nativos de Pandora, en lugar de decir "TE AMO" solían decir "TE VEO".

Ver al otro es reconocerlo como similar, ir más allá de salir a la superficie y sumergirse en el SER.

Significa más que ver al otro físicamente. Significa ver una mirada amorosa dentro del otro, con comprensión, aceptación y conexión de nuestra vulnerabilidad, humanidad y divinidad en común.

Veo tu dolor.
Veo tus potencialidades.
Yo te veo y acepto todo lo que veo, aun lo que no me agrada, aun lo que no encaja en mis estándares.

VEO TU LUZ

Te veo sin juzgarte, sin culparte. Te veo más allá de cualquier expectativa y proyección, ya que pueden dañarte y ocultar tu identidad más profunda.

Te veo en todas tus dimensiones y en la riqueza de todas tus experiencias.

Te veo, es mi forma de recibirte incondicionalmente, y al hacerlo te permito verte y recibirte como eres.

Te veo, significa dejarse irradiar, sin filtros, sin máscaras y sin miedos.

ESPÍRITU FAMILIAR

¿Qué es un Espíritu Familiar?

Desde la antigüedad se conoce a los familiares como los compañeros mágicos de las Brujas. Suelen asociarse a animales como: gatos, lobos, pájaros, ratas, peces, zorros. Pero en realidad podría ser cualquier animal.

¿Cuál es la Historia de los Espíritus Familiares?

Frontispicio del libro El descubrimiento de las brujas: (1647), obra del cazador de brujas Matthew Hopkins En ella se muestra a dos brujas dando nombre a sus espíritus familiares. A finales de la Edad Media, con la Caza de Brujas los espíritus familiares pasaron a ser considerados demonios (como cualquier cosa que se relacionada con las brujas). Por este motivo, muchos de estos animales fueron masacrados... la gran mayoría fueron gatos, lo cual tuvo unas consecuencias devastadoras según algunos expertos ya que a mediados del siglo XIV la Peste Negra estaba arrasando toda Europa.

Según se cree la brutal desaparición de gatos desembocó que la población de ratas creciera, provocando así el aumento del contagio de la Peste Negra.

Mitos y verdades sobre los Espíritus Familiares y la Realidad moderna.

- ✓ Mito: Se creía que los familiares eran siervos de las brujas y que actuaban para portar maleficios.
- ✓ Mito: Solo gatos negros, los cuervos y los lobos. Son familiares de las brujas.
- ✓ Verdad: hoy en día la mayoría de familiares son animales domésticos.
- ✓ Verdad: los familiares no son malvados ni transportan maldiciones. ¡Tampoco son demonios!
- ✓ Realidad moderna: las brujas conviven con sus familiares que les aportan energía y protección.

¿Cómo saber si tienes un familiar?

Es sencillo reconocer a un Espíritu Familiar, lo más común es que aquellos animales con los que se mantiene un vínculo emocional, sean tus familiares.

Pregúntate: ¿Siento que tengo un vínculo espiritual muy estrecho con mi compañero animal? ¿Siento que mi compañero animal merodea a mi alrededor o le llama cierta atención los elementos o trabajos mágicos?

AMULETO SEGÚN TU HORÓSCOPO CHINO

Este es el amuleto que le corresponde a cada animal del horóscopo chino 2022:

Rata (2020, 2008, 1996, 1984, 1972, 1960) La Rata puede llamar a la suerte con un amuleto Tai Sui, que brinda confianza y valentía. Debe ser colocado en la parte occidental de la casa. También serán muy buenos el talismán lunar negro para aumentar el dinero y la prosperidad.

Buey (2021, 2009, 1997, 1985, 1973, 1961) El Buey tendrá mucha ayuda de un amuleto de la bandera de la victoria o de la mangosta de la prosperidad. Además, los patos mandarines serán muy útiles para el amor.

Tigre (2022, 2010, 1998, 1986, 1974, 1962) Al ser su año, el Tigre gozará de fortuna y éxito durante todo este ciclo. Consigue un amuleto de la bandera de la victoria. También son recomendables los amuletos del escorpión para los enemigos.

🐇 Conejo (2023, 2011, 1999, 1987, 1975, 1963) Para el signo del Conejo, su amuleto será la pagoda de 5 elementos. El amuleto de rata con flores de melocotón servirá para el amor y debe ponerse en la zona norte de la casa.

🐉 Dragón (2024, 2012, 2000, 1988, 1976, 1964) El Dragón podrá incrementar la buena suerte al colocar en el centro de su habitación un jarrón verde que tenga un dragón o 'Espejo de fénix' que cumpla los deseos.

🐍 Serpiente (2025, 2013, 2001, 1989, 1977, 1965) La Serpiente deberá conseguir figuras de tigre para la buena suerte, así como el amuleto del rinoceronte azul y de elefante para evitar perder dinero.

🐎 Caballo (2026, 2014, 2002, 1990, 1978, 1966) La constancia y la competitividad definen al Caballo. Por ello, una pulsera de ágata o de cuarzos verdes es una gran opción para atraer la suerte en el dinero, la salud y el amor.

🐐 Cabra (2027, 2015, 2003, 1991, 1979, 1967) La Cabra conseguirá muchos resultados positivos, que podrá potenciar con un jarrón Qi Lin en la sala. Además, la pulsera de la mano de Fátima puede ayudarte en el plano sentimental.

🐒 Mono (2028, 2016, 2004, 1992, 1980, 1968) El Mono deberá llevar un talismán con forma de tigre para contener las energías negativas. También será bueno colocar un árbol de cristal del mono en el escritorio, esto para las finanzas.

🐓Gallo (2029, 2017, 2005, 1993, 1981, 1969) Para mejorar tu fortuna, una excelente opción será llevar una pulsera de ojo de tigre natural. La placa de energía Yang en el sector occidental de la vivienda ayudará con la vitalidad.

🐕Perro (2030, 2018, 2006, 1994, 1982, 1970) El Perro podrá beneficiarse en el dinero y las finanzas si coloca en su hogar un camello de doble joroba. El amuleto de tigre dorado servirá para atraer más ingresos.

🐖Cerdo (2031, 2019, 2007, 1995, 1983, 1971) El Cerdo podrá mejorar sus resultados financieros con una rana del dinero en su escritorio hasta el final del año. También podrás atraer el amor o cuidar tu relación matrimonial con una estatuilla de dragón en tu habitación.

POLVILLO DE HADAS

¡Haz que la magia suceda con polvillo de hadas! En nuestra tradición, las brujas buscamos llenar nuestras vidas de magia al acercarnos a la naturaleza, contactando con los seres elementales y redescubriendo el reino de las hadas.

Tenemos la creencia de que todos los elementos de la naturaleza, las plantas, las piedras, los árboles... tienen un espíritu que los habita y que les da alma: a este espíritu, lo llamamos hada.

El polvo de hadas, es una mezcla de hierbas y elementos, que nos es de gran utilidad para hacer contacto con estos seres mágicos, y es también utilizado para pedir deseos entre muchas otras cosas...

El polvo de hadas nos es de gran utilidad para poder contactar con estos mágicos seres, se usa en rituales para presentarse ante ellas o para invocarlas; aunque su uso más frecuente, es para pedir deseos.

NO CONFUNDIR

BUDDHA
(GAUTAMA SIDDHARTA)

Fue una asceta y sabio en cuyas enseñanzas se fundó el budismo.
Nació en la ya desaparecida república Sakia en las estribaciones del Himalaya. Enseñó principalmente en el noroeste de la India.

BU-DAI
(HOTEI)

Deidad China que propicia la felicidad y la abundancia y, en Japón forma parte de los siete dioses felices.
Segun la mitología China y Japonesa, fue un semilegendario monje zen de la dinastía Liang.

YULE
LA LUZ NACE DE LA OBSCURIDAD

Actualmente en la cultura neopagana, esta celebración ha sido reconstruida en muy variados grupos, como en el caso de la Religión Ásatrú con doce días de celebraciones; y la Religión wicca, que algunos aplican una forma de celebrar estas fiestas a través de "ocho días solares festivos", llamados comúnmente "Sabbats de la rueda anual".

Las fiestas de Yule se celebran en el solsticio de invierno: en el hemisferio norte, cerca del 22 de diciembre, y en el hemisferio sur, alrededor de 21 de junio.

Yule y Yuletide, al igual que la "Festividad de yalda" (una fiesta invernal iraní), son términos arcaicos indoeuropeos usados para referirse a la tradición antigua que observa los cambios naturales causados por la rotación de la tierra alrededor del sol y sus efectos en la cosecha alimenticia durante el solsticio de invierno.

CORONA DE LAUREL

🌿 Realiza una corona de laurel y colócala en la parte más alta de tu casa por fuera para hacer un cambio de suerte y que tus caminos se abran.

Compra laurel y puedes unirlas con hilo o con un alambre, puedes pegarlas o como tu creatividad te lo permita. Si puedes conseguir el laurel en rama es mucho más sencillo. No importa si es seco, pero de preferencia verde para que dure más tiempo.

Esto se hace cuando todo va negativamente, cambiará tu suerte radicalmente, es una ofrenda al cielo.

Se hace cualquier día.

#brujo constantine

QUE QUEMAR SEGÚN TU NECESIDAD

Quema la cáscara de ajo para evitar y alejar la envidia y si lo haces en viernes, atraes dinero.

Quema clavos de olor para evitar chismes, atraer suerte, dinero y buenas amistades

Quema palitos de canela para darle chispa a la relación y atraer la abundancia.

Quema granos de café para espantar a malos espíritus.

Quema salvia blanca para purificar y renovar la energía.

Quema semillas de girasol y azúcar para traer abundancia.

Quema pétalos de violeta para curar un corazón roto.

Quema palo santo, para purificar y proteger.

Quema cilantro para atraer la lealtad.

Quema tomillo para atraer dinero.

DESCUBRE LOS PODERES OCULTOS DE LAS VARITAS MÁGICAS

La Varita Wicca no es como la tradicional varita de las películas. Más que un amuleto, la varita es una herramienta que amplificará tus poderes. Evita utilizarla de forma inadecuada ya que puede traerte consecuencias inesperadas. Descubre cómo usar tu varita mágica aquí.

Una recomendación que es que al menos la guardes en una tela de color rojizo, pues lo adecuado es si vas a elaborar un altar wiccano.

La varita debe ser de madera, y puede ir acompañada de otros amuletos: por ejemplo, es conveniente que se acompañe de un mineral (cualquier cuarzo sería ideal). Transcurrido el tiempo tu varita va a ir perdiendo los elementos ornamentales a la vez que va a ir ganando más energía si la cuidas y la vas nutriendo con tu propia energía en las ceremonias que vayas celebrando.

Como limpiar tu Varita

Dependen del nivel en el que desees usar esta varita, en un nivel muy básico puedes utilizar sal simple. Si deseas algo más avanzado debes utilizar sal negra (La sal negra no es mala, sirve para aligerar las energías y limpiar objetos).

Coloca el paño y extiende sal a lo largo. Luego envuelve la varita con el paño y la sal, y la dejas reposar durante siete días.

Consagración de la Varita

Precisas un altar, y limpiarla con un paño, tomándola de forma fuerte y transmitiéndole la fuerza y empezar a ungirla. Dependiendo la tradición y el propósito utilizarás un agua o un aceite.

Consagrarla a los 4 elementos

Debes decir la oración de consagración (existen múltiples oraciones, utiliza la que te guíe tu intuición). A continuación, te paso mi formula preferida: "te consagro te consagro en nombre de (los elementos o las energías que estes trabajando), para que sirvas (a ti y a tus propósitos), para lograr (debes tener un objetivo para esta varita)".

Recuerda esta varita no es un juego o simple un accesorio, pues te servirá para consagrar hechizos e infundir fuerza en lo que haces.

QUE SON LOS SIGILOS

Los sigilos son símbolos que se usan para hacer magia, símbolos que han evolucionado y que han ido tomando diferentes usos a través del tiempo.

Inicialmente los sigilos se veían como una marca específica de una entidad o energía, pero luego se comenzaron a utilizar como una forma de representar aquello que se espera obtener o transformar.

¿Cómo hacer un sigilo?

Hay muchos métodos para hacer sigilos, lo importante es que se tenga una intención muy clara de lo que se quiere obtener.

Materiales
- Papel
- Lápiz
- Una vela (opcional)

Pasos a seguir

Escribe tu intención lo más claro y concreto posible, que sea una frase corta.

Mejor si lo haces como una afirmación, es decir como si fuera algo que ya tienes en el presente, como, por ejemplo, la afirmación «estoy en paz» en vez de «quiero estar en paz» o «desearía tener paz".

Tacha todas las vocales de la frase y todas las consonantes que se repitan.

En el ejemplo de la frase «estoy en paz» tachar las vocales e, o, e, a y ninguna consonante.

Ahora la idea es hacer una composición con las letras que quedaron, esta es la parte más divertida, ya que sólo tienes que mirar cómo se pueden acomodar mejor todas las consonantes para que forman un patrón. Así quedaron las letras s, t, y, n, p, z, puedes distribuirlas para que se vean de forma armónica.

Este es solo un ejemplo de la construcción de un sigilo con una frase y con las letras que quedaron.

Lo importante es jugar con cada letra y hacer una composición que sientas que resuena contigo, también puedes agregarle algunos toques adicionales al final para equilibrar la composición.

Una vez que hayas terminado el sigilo, puedes activarlo copiándolo o pasándolo a limpio a otro papel, puedes usar una tinta de algún color que vaya con la intención del mismo.

Mientras lo vuelves a dibujar pon toda tu intención en ese propósito y luego, lo más importante, es que cuando lo termines te olvides de él, puede sonar extraño, pero energéticamente si te obsesionas con lo que quieres lograr creas un obstáculo que no permite que esa energía se manifieste, así que lo mejor es activarlo mientras lo dibujas y luego lo puedes guardar en un lugar donde no lo veas permanentemente y sólo confíes en el proceso que acabas de hacer.

Por último, te recuerdo que no hay que confundir los sigilos con las runas, si bien las runas también se pueden dibujar y activar no se parecen ni se usan igual ya que pertenecen a una corriente completamente diferente de magia.

Este lugar esta protegido

Estoy conectado a los elementos
Tierra, fuego, aire y agua

Solo los buenos espíritus pueden entrar y quedarse aquí.

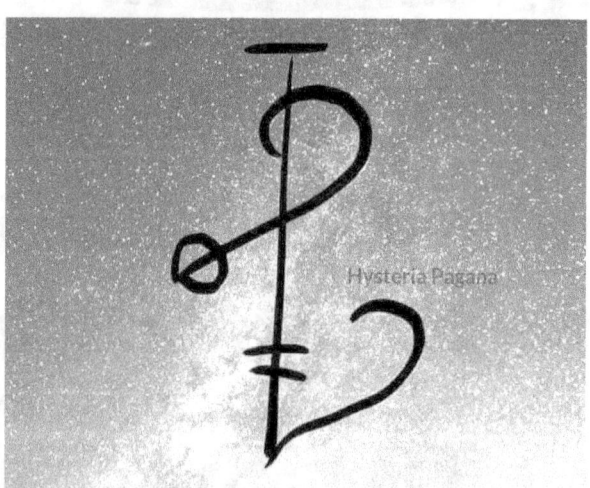

engo el control de mis habilidades psíquica

Estoy protegido de energias negativas

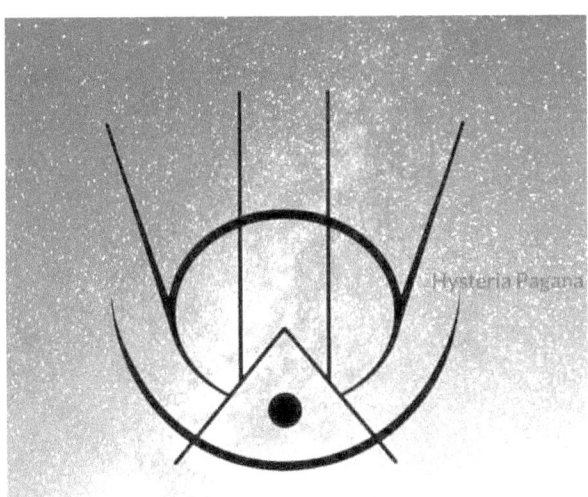

Estoy libre de ataques de depresión y ansiedad

Soy valiente

Recibo recuerdos de mi vida pasada en mis sueños

LUGARES PARA COLOCAR TUS SIGILOS

En la parte de atrás del teléfono

En los zapatos

En la cartera

En la parte de atrás del reloj

En la etiqueta de una botella de agua

En el llavero

USOS DE LA CENIZA EN LA BRUJERÍA

CENIZA DE CANELA

La ceniza de la canela nos puede ayudar para vestir velas, este puede ser el reemplazo perfecto cuando no tienes canela molida. En rituales de amor, evidentemente usando solo un poco.

Nos ayuda también para mezclarla con sal rosada y miel para darse una exfoliación cuando se está buscando pareja, hacerlo preferentemente los viernes. La ceniza de canela también es buena para usarla en amuletos de amor, abundancia y protección, mezclada con azúcar morena en rituales ayuda para bajar el enojo de nuestra pareja.

CENIZA DE SALVIA

La ceniza de salvia es excelente para los aceites de protección, en lugar de usar otra clase de polvos puedes utilizar la ceniza que deja la salvia para potenciar algún aceite de protección, si la mezclas con un poco de sándalo rojo en polvo te ayudará a vestir velas, en rituales de salud o de protección, mezclada la ceniza de salvia con sal negra ayuda a mantener a distancia de tu casa a las personas indeseadas, solo espolvoréalo detrás de la puerta o entrada de tu casa.

Si mezclas esta ceniza con ceniza de manzanilla y agregas un poco de esto al agua con la que limpias tu casa, ayudará a mantener la casa serena y aislada de pleitos.

LA CENIZA DE ROMERO Y LAUREL

Estas cenizas mezcladas te ayudan para casi cualquier cosa, desde un aceite de limpieza y protección, hasta para elaborar un aceite o algún polvo para abrir caminos, tanto el aceite como el polvo que elabores con la ceniza te servirá para vestir tus velas.

Esta misma ceniza la puedes utilizar para potenciar sahumerios de abundancia y de éxito, cada día 1 te recomiendo quemar romero, laurel, tomillo ya cuando sean cenizas, agregas un poco al agua con la que limpiarás la entrada de tu casa, te ayudara a empezar el mes con muy buena vibra.

CENIZA DE AJOS

Si supieras todos los usos que le podemos dar a la ceniza de ajos ¡¡¡te sorprenderías!!!

Es muy simple, solamente vas a poner a secar muchos ajos y ya secos los vas a quemar hasta obtener su ceniza. Las guardas en un frasco y esta te servirá para rituales de cortar daños, limpieza profunda, protegerte contra brujería.

Una variante de los polvos contra daños lleva ceniza de ajos y cáscaras de cebolla, si guardas un poco en un saquito y lo colocas debajo de tu almohada te brindará un descanso placentero.

CENIZAS DE VARITAS RUSTICAS

La ceniza de las varitas rusticas de mirra sirve en rituales de salud y abundancia económica, las de sándalo para protección, éxito y buena fortuna, las de copal ayudan en rituales de protección, cortar daños y limpieza, así que cuando tengas varitas de este tipo no tires la ceniza mejor guárdala de forma individual sin mezclarlas y utilízala en aceites o para vestir tus velas.

LAS DRIADAS

Las dríadas son duendes de los árboles con forma femenina, muy solitarias y de gran belleza...

Físicamente tienen unos rasgos muy delicados, parecidos a los de las doncellas elfas, tienen los ojos violeta o verde oscuro y su cabello y piel cambian de color según la estación...

De esta forma pueden camuflarse entre el bosque sin que se las vea; ¡En el invierno su pelo y piel son blancos, en otoño rojizos, y en primavera y verano tienen la piel muy bronceada y el pelo verde!

Cada dríada pertenece a un roble del bosque. Se hallan unidas a su árbol de por vida y no pueden alejarse a más de 300 metros de éste o mueren lentamente...

Una dríada es capaz de penetrar literalmente en un árbol y desde su interior transportarse al roble al que pertenece.

¡Si alguien golpea al roble al que está unida, la dríada recibe físicamente el mismo daño, por lo que intentará defenderlo a toda costa! Una dríada tiene absoluto control sobre el árbol al que está ligada, por lo que es capaz de provocar que sus ramas florezcan, aunque no sea la temporada, que aparezcan nuevas plantas alrededor del árbol e, incluso, puede provocar un crecimiento de hierba repentino que haga tropezar a los intrusos.

Las dríadas hablan varias lenguas y su gran inteligencia les permite comunicarse con casi todos los seres del bosque, además, hablan el lenguaje musical y el de las plantas.

No son nada agresivas y, sólo si son atacadas, hechizan a sus asaltantes para defenderse. El hechizo de una dríada tiene un gran poder y sólo los humanos o seres con gran resistencia a la magia pueden evitar caer hechizados.

SIGNIFICADO DE TENER LA LETRA "M" EN LA PALMA DE TU MANO

La quiromancia es un método antiguo para predecir el futuro y la interpretación de la personalidad de una persona a partir del patrón de las líneas de las manos... A veces, estas líneas pueden formar números y letras pares...

Una de estas letras puede ser la letra M, cuyo significado ha sido investigado por muchos ocultistas...

Como muchos creen, las líneas en la palma revelan nuestro carácter y destino...

La letra M está asignada a personas verdaderamente especiales....

Están dotados de una intuición extraordinaria y representan los socios ideales para cualquier negocio...

Si las personas que amas tienen la letra especial "M" en el interior de la palma, tienes que saber que no puedes burlarte y no puedes mentir o engañar de ninguna manera a esa persona ya que, al ser muy inteligentes e intuitivas, las personas con la letra "M" en la palma de la mano se dan cuenta fácilmente de si les están mintiendo o engañando...

Las mujeres que tienen la letra "M" en la palma de su mano tienen una intuición mucho más fuerte que la de los hombres, incluso de quienes poseen esta letra... Están dotados del poder de gestionar y superar cualquier obstáculo en la vida, y saben cómo explotar los recursos y oportunidades que se les ofrecen...

La letra "M" en su palma también puede significar:

- ✋ Habilidades de liderazgo
- ✋ Poder
- ✋ Alegría
- ✋ Excelentes oportunidades
- ✋ Perciben lo que otros no

Según la tradición popular, este signo es característico de los profetas... Entonces, si tienes esta letra en tu mano, eres realmente una persona especial. ¡Algunas personas la tienen en una sola mano y otras en ambas!

DIFERENCIA ENTRE HECHIZOS, RITUALES, CONJUROS Y ENCANTAMIENTOS

En el mundo de la magia existen diferentes términos para realizar diferentes acciones como los hechizos, rituales, conjuros y encantamientos...

Los nombres, ejercicios y práctica especificas pueden ser diferentes o pueden provenir de un linaje o tradición diferente, pero la base de la magia proviene de las mismas raíces...

◇ ¿Que es un hechizo?

Puede ser cualquier cosa que tenga influencia mágica, se diferencia del ritual y otra acción mágica tanto por la forma como por las intenciones y el material usado para su realización, ya que puede lanzarse un hechizo sin material alguno o bien usando velas, entre otros materiales...

Los hechizos están enfocados en acciones para obtener generalmente dinero, salud, amor, etc.

Un hechizo es un deseo o la aspiración de lograr un cambio, ya sea en tu vida o en la de los demás, los hechizos suelen confundirse mucho con los deseos egoístas de obtener, poseer, del ego, son acciones equivocadas, pero que cada quien es libre de elegir. Los hechizos se consideran más fuertes que los rituales...

¿Qué es un ritual?

Es la acción de tomar las correspondencias de todo lo que nos ofrecen las hierbas, cuarzos, energías, etc... Estos requieren de una acción más elaborada y con pasos específicos a seguir para obtener resultados... Es el trabajo mágico más hermoso que podría existir, desde el aprender cada una de las hierbas y sus correspondencias, las oraciones, rituales que pueden ir acompañados de bailes y cantos, hasta la acción de encender velas, todo en los rituales es magia...

Los rituales son trabajos elaborados, planteados y específicos, se usan para atraer y también suelen ser usados en todas las ramas de la magia. Al realizar rituales debemos despojarnos del ego, y evitar violar el libre albedrío de todos los seres, (desde las fuerzas elementales, seres y energías).

¿Qué es un conjuro?

Conjurar implica el acto de hacer algo de la nada o sin previo aviso, (aquí debemos tener cuidado de los estados de ánimo al conjurar).

Un conjuro es una fórmula mágica que se dice o se recita para conseguir algo que se desea, los conjuros se usan en todas las ramas de la magia, en algunas ocasiones los conjuros se complementan con cantos o símbolos y algunos de ellos se llevan a cabo en lugares o condiciones específicas. El conjuro es el poder la manifestación y la acción de la magia en las palabras, sin ningún elemento más, aquí no se usan velas, hierbas, cuarzos, ni objetos o herramientas mágicas. Se considera al conjuro más potente que al hechizo.

¿Qué es un encantamiento?

Todos los encantamientos se distinguen de las transformaciones en que un encantamiento añade o cambia propiedades a un objeto, ser o criatura, ya sea física o energética. El encantamiento se enfoca en alterar lo que el objeto a encantar hace. Las maldiciones, embrujos y maleficios son conocidos como encantamientos oscuros. Los encantamientos suelen ser el trabajo más poderoso que existe, capaces de cambiar el curso, la forma, el uso y las acciones (para esto es necesario el uso de una vara mágica encantada)...

Duendes

¿Cómo invocarlos?

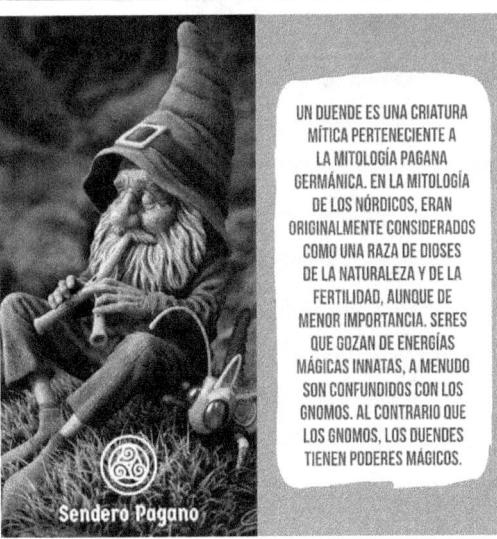

UN DUENDE ES UNA CRIATURA MÍTICA PERTENECIENTE A LA MITOLOGÍA PAGANA GERMÁNICA. EN LA MITOLOGÍA DE LOS NÓRDICOS, ERAN ORIGINALMENTE CONSIDERADOS COMO UNA RAZA DE DIOSES DE LA NATURALEZA Y DE LA FERTILIDAD, AUNQUE DE MENOR IMPORTANCIA. SERES QUE GOZAN DE ENERGÍAS MÁGICAS INNATAS, A MENUDO SON CONFUNDIDOS CON LOS GNOMOS. AL CONTRARIO QUE LOS GNOMOS, LOS DUENDES TIENEN PODERES MÁGICOS.

Sendero Pagano

¿Cómo invocarlos?

RECUERDA QUE ÚNICAMENTE PUEDES INVOCARLOS PARA HACER EL BIEN. A LOS DUENDES LES ENCANTA LA MIEL, EL LICOR Y LAS MONEDAS. POR ELLO, DEBEMOS DEJAR SIEMPRE UNA COPA CON MIEL O LICOR PARA CONTAR CON ELLOS Y CADA VEZ QUE QUIERAS PEDIRLES ALGO, DEBES DEJARLE UNA OFRENDA.

ANTES DE RECITAR LA INVOCACIÓN DEBES TENER UNA VELA DE COLOR VERDE, UN CUENCO PARA IR DEJANDO LAS MONEDAS DE OFRENDAS (RECUERDA NUNCA SACARLAS) Y UNA COPITA DONDE PONES EL LICOR Y LA MIEL.

"YO (TU NOMBRE) INVOCO AL DUENDE (NOMBRE DEL DUENDE) Y LE DOY LA BIENVENIDA A MI HOGAR(PRENDES LA VELA DE COLOR VERDE)... TE DEJO ESTA OFRENDA Y A CAMBIO TE PIDO QUE (DICES TU PEDIDO)".

Sendero Pagano

Duendes en la magia

NAOMO
ES INVOCADO PARA TAREA DE PROTECCIÓN Y CUIDADO DE PERSONAS Y ANIMALES, ES UN PODEROSO GUARDIÁN, DETESTA LA PEREZA, MEDIOCRIDAD Y LA GROSERÍA MUY BUENO PARA LOS ESTUDIANTES. TAMBIÉN PARA SOLUCIONAR DEPRESIONES Y ANGUSTIAS.
☆ CON NAOMO OBTENDRÁS PROTECCIÓN PARA TUS SERES QUERIDOS Y AYUDA EN LOS ESTUDIOS.

GINN
ES UN ESPÍRITU ÁRABE. SE ALIMENTA DEL HUMO QUE SALE DE LAS OLLAS. A MENUDO ES ÚTIL A LOS HOMBRES, ENSEÑÁNDOLE MENUDO ES ÚTIL A LOS HOMBRES, ENSEÑÁNDOLES CIENCIA Y MEDICINA O INSPIRÁNDOLES POESÍAS.
☆ CON GINN ENCONTRARÁS LA INSPIRACIÓN Y LA CREATIVIDAD.

Sendero Pagano

Duendes en la magia

PUKA
ES UN DUENDE IRLANDÉS CON CABEZA DE CABRA, VIVE EN LAS RUINAS Y EN LAS CASA ABANDONADAS, PERO DE NOCHE ACUDE A REALIZAR TRABAJOS DOMÉSTICOS A CASA DE ALGUNA FAMILIA.
☆ PUKA TE INSPIRARÁ PARA REDISEÑAR TU HOGAR Y HACERLO MAS PLACENTERO Y FUNCIONAL.

GOBLIN
CREADO PARA OBTENER LA ENERGÍA QUE GENERAN CIERTAS POSICIONES DE LAS ESTRELLAS EN EL CIELO Y CANALIZARLA A VOLUNTAD, TIENE LA VIRTUD DE REALIZAR Y ATRAER CUALQUIER COSA, SITUACIÓN Ó ENTORNO, MIENTRAS EL COMIENZO DE LA PETICIÓN SEA DURANTE EL TRANSCURSO DE LA NOCHE.
☆ CON GOBLIN ATRAERÁS HACIA TI TODAS LAS ENERGÍAS DEL UNIVERSO.

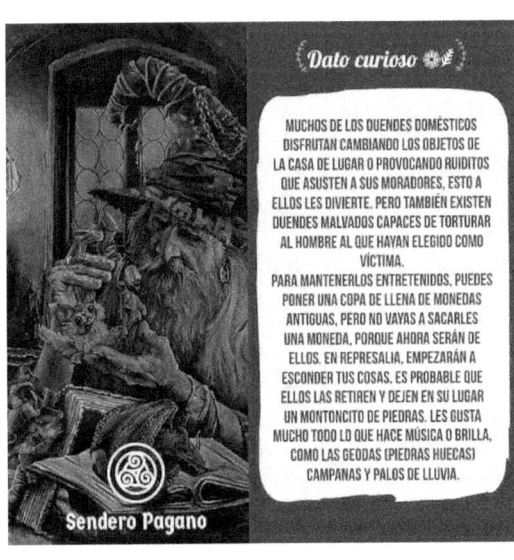

Dato curioso

MUCHOS DE LOS DUENDES DOMÉSTICOS DISFRUTAN CAMBIANDO LOS OBJETOS DE LA CASA DE LUGAR O PROVOCANDO RUIDITOS QUE ASUSTEN A SUS MORADORES, ESTO A ELLOS LES DIVIERTE, PERO TAMBIÉN EXISTEN DUENDES MALVADOS CAPACES DE TORTURAR AL HOMBRE AL QUE HAYAN ELEGIDO COMO VÍCTIMA.
PARA MANTENERLOS ENTRETENIDOS, PUEDES PONER UNA COPA DE LLENA DE MONEDAS ANTIGUAS, PERO NO VAYAS A SACARLES UNA MONEDA, PORQUE AHORA SERÁN DE ELLOS. EN REPRESALIA, EMPEZARÁN A ESCONDER TUS COSAS. ES PROBABLE QUE ELLOS LAS RETIREN Y DEJEN EN SU LUGAR UN MONTONCITO DE PIEDRAS. LES GUSTA MUCHO TODO LO QUE HACE MÚSICA O BRILLA, COMO LAS GEODAS (PIEDRAS HUECAS) CAMPANAS Y PALOS DE LLUVIA.

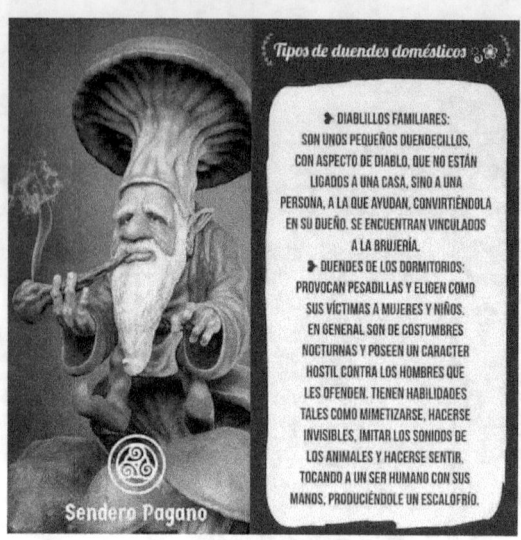

Tipos de duendes domésticos

➤ DIABLILLOS FAMILIARES: SON UNOS PEQUEÑOS DUENDECILLOS, CON ASPECTO DE DIABLO, QUE NO ESTÁN LIGADOS A UNA CASA, SINO A UNA PERSONA, A LA QUE AYUDAN, CONVIRTIÉNDOLA EN SU DUEÑO. SE ENCUENTRAN VINCULADOS A LA BRUJERÍA.

➤ DUENDES DE LOS DORMITORIOS: PROVOCAN PESADILLAS Y ELIGEN COMO SUS VÍCTIMAS A MUJERES Y NIÑOS. EN GENERAL SON DE COSTUMBRES NOCTURNAS Y POSEEN UN CARÁCTER HOSTIL CONTRA LOS HOMBRES QUE LES OFENDEN. TIENEN HABILIDADES TALES COMO MIMETIZARSE, HACERSE INVISIBLES, IMITAR LOS SONIDOS DE LOS ANIMALES Y HACERSE SENTIR, TOCANDO A UN SER HUMANO CON SUS MANOS, PRODUCIÉNDOLE UN ESCALOFRÍO.

Cómo encontrarlos ?

LOS DUENDES SON SERES MÁGICOS Y LES GUSTA TRANSMITIR Y ENSEÑAR SU MAGIA, PERO PARA QUE ELLO SUCEDA, DEBES SER DE CORAZÓN PURO Y A LA VEZ CONSERVAR SU NIÑO INTERNO. A MENUDO HAY QUIEN DICE QUE EN SU CASA HABITA UN DUENDE, Y ES PORQUE EXISTEN UN TIPO DE DUENDES DOMÉSTICOS A LOS QUE LES GUSTA CONVIVIR CON LOS HOMBRES, SE DICEN SUELEN SER DE DOS TIPOS.

¡¡LA BRUJERÍA NO ES UN JUEGO!!

He leído en muchos lugares infinidad de veces la frase: "Quiero ser bruja, me llama la atención"

¡Ser bruja no es una moda!

La falsa imagen que se le ha dado en la actualidad ha venido a crear falsas expectativas de lo que es la Magia y la brujería en realidad...

Hoy en día las personas creen que ser una bruja, las hará ser bellas, convertirán sapos en príncipes o que podrán manipular la naturaleza y todo su alrededor a su antojo etc. ¡¡¡y no es así!!!

Una bruja es una mujer sabía, porque jamás deja de aprender, vive analizando sus pócimas, sus rituales, vive aprendiendo día con día.

Conoce sobre propiedades de las hierbas, las piedras, conoce la magia de cada faceta de la luna, la energía que emana la naturaleza, utiliza su conocimiento para crear y modificar lo que deba hacer.

✖ NO JUEGUES A SER BRUJA

Porque el pensar que la magia es algo fácil que se hace en 2 días, sólo te va a provocar más problemas, los rituales mal elaborados "rebotan" y puede ser contraproducente a lo que estabas tratando de hacer.

✖ Deja de solicitar rituales que no puedes manejar. Los caminos de la magia y la brujería son muy extensos, y no se aprende de la noche a la mañana. Debes empezar desde abajo y conforme a tus aprendizajes y experiencias irás avanzando y podrás lograr hacer rituales de mayor dificultad.

✖ No existe una varita mágica que en un sólo movimiento te convierta en bella exitosa y poderosa, la varita mágica se utiliza como herramienta esencial para realizar algunos hechizos mágicos más no es un juguete.

✖ No pidas rituales para ganar la lotería y juegos de azar...

✖ Nunca pidas rituales para matar o dañar a otra persona.

La magia, la brujería, la hechicería, va más allá de todo esto es un arte y si quieres formar parte de este mundo debes estar consciente que será un camino extenso y largo pero que sin duda será el mejor camino que hayas tomado en tu vida.

"YO AMO LA MAGIA, AMO LO QUE HAGO, AMO LO QUE SOY, AMO SER UN BRUJO"

www.ingramcontent.com/pod-product-compliance
Lightning Source LLC
Chambersburg PA
CBHW050249220526
45465CB00002B/609